ISSN 0371-327X

SITZUNGSBERICHTE DER SÄCHSISCHEN AKADEMIE
DER WISSENSCHAFTEN ZU LEIPZIG

Mathematisch-naturwissenschaftliche Klasse
Band 118 · Heft 5

DIETRICH UHLMANN

DIE ANTHROPOGENE EUTROPHIERUNG DER GEWÄSSER — EIN UMKEHRBARER PROZESS?

AKADEMIE-VERLAG BERLIN
1985

SITZUNGSBERICHTE DER SÄCHSISCHEN AKADEMIE DER WISSENSCHAFTEN ZU LEIPZIG

MATHEMATISCH-NATURWISSENSCHAFTLICHE KLASSE

Band 111

Heft 1 Prof. Dr. WILHELM MAIER, Vom Erbe Bernhard Riemanns 1975. 16 Seiten – 8° – M 2,50

Heft 2 Prof. Dr. med. HANS DRISCHEL, Organismus und geophysikalische Umwelt 1975. 50 Seiten – 25 Abbildungen – 1 Tabelle – 8° – M 7,–

Heft 3 Prof. Dr. MARIA HASSE, Zum Begriff des allgemeinen Produkts von Kategorien 1975. 32 Seiten – 8° – M 5,–

Heft 4 Prof. Dr.-Ing. h. c. KURT SCHWABE, Analytische Probleme des Umweltschutzes 1975. 28 Seiten – 9 Abbildungen – 2 Tabellen – 8° – M 3,50

Heft 5 Prof. Dr. WOLFGANG BUCHHEIM, Die kopernikanische Wende und die Gravitation 1975. 36 Seiten – 2 Farbtafeln – 8° – M 5,–

Heft 6 Prof. Dr. HERMANN BERG, Photopolarigraphie und Photodynamic 1975. 19 Seiten – 2 Abbildungen – 2 Tabellen – 8° – M 3,–

Heft 7 Prof. Dr. MANFRED GERSCH, Probleme der Insektizide aus heutiger Sicht 1976. 36 Seiten – 9 Abbildungen – 2 Tabellen – 8° – M 4,–

Band 112

Heft 1 Prof. Dr. WALTER BREDNOW, Spiegel, Doppelspiegel und Spiegelungen – eine „wunderliche Symbolik" Goethes 1975. 28 Seiten – 4 Abbildungen – 8° – M 3,–

Heft 2 Prof. Dr. ARTUR LÖSCHE, Über negative absolute Temperaturen. Eine Einführung 1976. 26 Seiten – 12 Abbildungen – 8° – M 4,–

Heft 3 Prof. Dr. med. HERBERT JORDAN, Kurorttherapie: Prinzip und Probleme 1976. 31 Seiten – 10 Abbildungen – 1 Tabelle – 8° – M 4,50

Heft 4 Prof. Dr. FRIEDRICH WOLF / Dr. PETER FRÖHLICH, Zur Druckabhängigkeit von Ionenaustauschreaktionen 1977. 13 Seiten – 6 Abbildungen – 1 Tabelle – 8° – M 2,–

Heft 5 Prof. Dr. DIETRICH UHLMANN, Möglichkeiten und Grenzen einer Regenerierung geschädigter Ökosysteme 1977. 50 Seiten – 20 Abbildungen – 2 Tabellen – 8° – M 6,50

Heft 6 Prof. Dr. ERICH RAMMLER, Zwei Jahrzehnte Entwicklung des Einsatzes der Energieträger Kohle und Erdöl im Weltmaßstab 1977. 29 Seiten – 6 Abbildungen – 4 Tabellen – 8° – H 4,–

Heft 7 Prof. Dr. ULRICH FREIMUTH, Umweltprobleme in der Ernährung 1977. 32 Seiten – 3 Abbildungen – 4 Tabellen – 8° – M 4,–

Band 113

Heft 1 Prof. Dr. ERICH LANGE, Allgemeingültige Veranschaulichung des II. Hauptsatzes 1978. 22 Seiten – 10 grafische Darstellungen – 8° – M 4,–

Heft 2 Prof. Dr. HERBERT BECKERT, Bemerkungen zur Theorie der Stabilität 1977. 19 Seiten – 8° – M 2,50

Heft 3 Prof. Dr. sc. KLAUS DÖRTER, Probleme und Erfahrungen bei der Entwicklung einer intensiven landwirtschaftlichen Produktion im Landschaftsschutzgebiet des Harzes 1978. 20 Seiten – 6 Abbildungen, davon 4 farbige auf 2 Tafeln – 2 Tabellen – 8° – M 7,–

Heft 4 Prof. Dr. sc. med. HANS DRISCHEL, Elektromagnetische Felder und Lebewesen 1978. 31 Seiten – 14 Abbildungen – 2 Tabellen – 8° – M 5,–

Heft 5 Prof. Dr. MANFRED GERSCH, Wachstum und Wachstumsregulatoren der Krebse. Biologische Erkenntnisse und generelle Erwägungen 1979. 32 Seiten – 13 Abbildungen – 1 Tabelle – 8° – M 6,–

ISSN 0371-327X

SITZUNGSBERICHTE DER SÄCHSISCHEN AKADEMIE
DER WISSENSCHAFTEN ZU LEIPZIG

Mathematisch-naturwissenschaftliche Klasse
Band 118 · Heft 5

DIETRICH UHLMANN

DIE ANTHROPOGENE EUTROPHIERUNG DER GEWÄSSER — EIN UMKEHRBARER PROZESS?

Mit 16 Abbildungen

AKADEMIE-VERLAG BERLIN
1985

Vorgetragen in der Sitzung am 11. Mai 1984
Manuskript eingereicht am 18. Oktober 1984
Druckfertig erklärt am 28. 10. 85

Erschienen im Akademie-Verlag Berlin, DDR - 1086 Berlin, Leipziger Straße 3—4

Printed in the German Democratic Republic
Lizenznummer: 202 · 100/547/85
Gesamtherstellung: VEB Druckhaus „Maxim Gorki", 7400 Altenburg
LSV 1305
Bestellnummer: 763 569 5 (2027/118/5)

00400

In der Limnologie, der Wissenschaftsdisziplin, die sich mit dem Stoffhaushalt der Seen und der anderen Binnengewässer befaßt, gehört seit etwa zwei Jahrzehnten das Stichwort „Eutrophierung“ zu den am häufigsten verwendeten Fachbegriffen. Man versteht darunter die Überernährung eines Gewässer-Ökosystems, die zu Störungen im Stoffkreislauf führt und durch eine Überlastung mit Pflanzennährstoffen, insbesondere Phosphor- und Stickstoffverbindungen, hervorgerufen wird. Der steile Anstieg der Gesamtzahl von Forschungsprojekten, Konferenzen und Publikationen zum Thema „Eutrophierung“

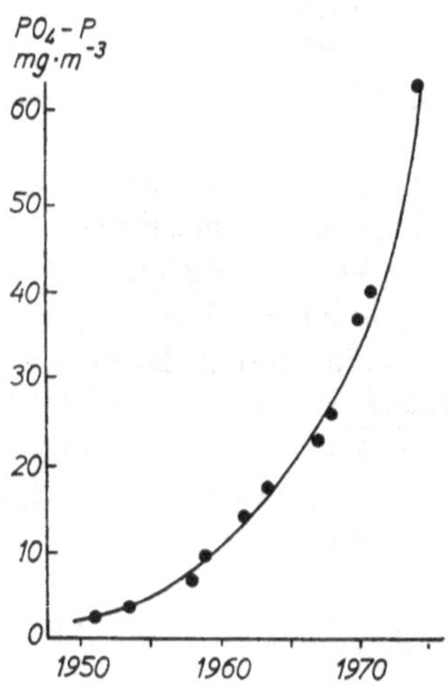

Abb. 1. Exponentielle Zunahme des Orthophosphatgehaltes im Bodensee (jeweils vor Beginn der Frühjahrs-Massenentwicklung des Phytoplanktons) infolge erhöhter Belastung mit kommunalen Abwässern (nach AMBÜHL 1975). Seit 1980 halten sich die Werte auf einem „Plateau“ bei etwa 90 mg · m^{-3} (ELSTER 1982)

(s. VOLLENWEIDER 1981) vollzog sich vor dem Hintergrund einer exponentiellen Zunahme der Nährstoffbelastung vieler Seen Europas und Nordamerikas (Abb. 1).

Im folgenden sollen zwei Fragen näher behandelt werden, zu denen offensichtlich bis jetzt noch keine zusammenfassenden Veröffentlichungen existieren:

A) Ist die anthropogene Eutrophierung auch eines der weltweiten, der globalen ökologischen Probleme?
B) Wie groß sind die Möglichkeiten, den bereits eingetretenen Qualitätsverfall der Seen rückgängig zu machen, und zwar nicht nur in Einzelfällen, sondern in großem Maßstab?

1. Der See als stofflich weitgehend geschlossenes System

Vor rund 100 Jahren, 1887, erschien ein Beitrag des US-Amerikaners STEPHEN A. FORBES zum Thema „The lake as a microcosm". In dieser Veröffentlichung wird erstmals ein See mit seinen Organismen als ein sich selbst reproduzierendes System aufgefaßt, das zu seiner Erhaltung nur der Sonnenenergie bedarf. Sein Stoffbestand wird im Kreislauf genutzt:

Die Biomasse der Produzenten (Algen und höhere Wasserpflanzen) bildet die Lebensgrundlage der Pflanzenfresser, von denen sich räuberische Tiere, wie z. B. der Hecht, ernähren. Die organischen Abfälle werden vor allem von den Bakterien verwertet. Dabei (wie auch aus Stoffwechselprodukten der Tiere) entstehen mineralisierte Verbindungen (Kohlendioxid, Ammonium, Phosphat), die für die photosynthetische Produktion pflanzlicher Biomasse genutzt werden.

Die Tragfähigkeit des Kreislauf-Konzepts wurde in vielen anderen Untersuchungen bestätigt. Obwohl schon F. A. FOREL in seinem Handbuch der Seenkunde (1901) auf die ebenfalls stets existierende Verbindung eines Sees zur Atmosphäre und seinem Einzugsgebiet hinwies („Jeder See ist ein Organ der Erde"), war die Entwicklung der Limnologie in der ersten Hälfte des 20. Jahrhunderts gekennzeichnet durch die bewußte Betonung der Selbständigkeit, der Autarkie des Sees als eines „Organismus höherer Ordnung".

Diese Einengung wurde durch die im Regelfall sehr begrenzten Etats der auf limnologischem Gebiet tätigen Institutionen entscheidend gefördert.

2. Der See als „Kloake der Landschaft"

Mit dem beschleunigten Wachstum der Industrie in der zweiten Hälfte des 19. Jahrhunderts erhöhte sich in vielen europäischen Ländern die Bevölkerungsdichte in den Städten, der Fremdenverkehr und der Komfort in den Hotels. Waren die anfallenden Abwässer vorher versickert und der Inhalt der Fäkalgruben vorwiegend landwirtschaftlich verwertet worden, so zwangen der zunehmende Wasserverbrauch und die schnell steigende Anzahl von Spülklosetts zur Errichtung unterirdischer Kanalisationsnetze. Diese Schwemmkanalisation wurde im Regelfall so geplant, daß auf möglichst kurzem Wege das nächstgelegene Gewässer erreicht werden konnte. Maßnahmen zur Abwasserreinigung wurden meistens nur dort ergriffen, wo die Einleitung der Kommunalabwässer in kleine Flüsse und Seen zu einer unerträglichen Belästigung der Anwohner (Bildung von Schwefelwasserstoff) sowie zu Epidemien führte (DUNBAR 1907). Bei der Abwassereinleitung in große Flüsse wie Rhein und Elbe wurde die Rückhaltung von sperrigen Stoffen mittels Rechenanlagen für ausreichend erachtet. In ähnlicher Weise verfuhr man bei der Nutzung von großen Seen als „Vorfluter" für Abwässer, denn auch hier traten keine Geruchsbelästigungen auf. Tiefgreifende Veränderungen des Stoffhaushalts von Seen wurden zwar schon vor der Jahrhundertwende beobachtet, aber zunächst nicht mit der Einleitung von Abwässern in Verbindung gebracht. Das Tiefenwasser von Seen besitzt schon natürlicherweise einen relativ geringen Vorrat an gelöstem Sauerstoff. Dieser wurde nun in zunehmendem Maße nicht nur durch die fäulnisfähigen organischen Stoffe der eingeleiteten Abwässer, sondern auch durch Massen von abgestorbenen und ins Tiefenwasser abgesunkenen Planktonalgen verbraucht. — Ursache dieser „Sekundärverschmutzung" ist der hohe Gehalt des kommunalen Abwassers an Pflanzennährstoffen, speziell an Stickstoff- und Phosphorverbindungen. Massenentwicklungen des Phytoplanktons sind die Folge. Ist am Grunde des Sees der gelöste Sauerstoff völlig aufgebraucht, verläuft der weitere Abbau als Fäulnisprozeß. So zeigen z. B. die Sedimentprofile aus dem Zürichsee erstmals für das Jahr 1885 einen dünnen schwarzen „Jahresring", eine Schicht von schwefeleisenreichem Faulschlamm, der den Sauerstoffschwund eindeutig dokumentiert (NIPKOW 1920). Im Frühjahr und Sommer dagegen bildete sich infolge der Hochwässer (mineralische Sinkstoffe) und der auf Grund des reichen Nährstoffangebots erhöhten Photosynthese mit CO_2-Entzug und Kalkablagerung eine helle Sedimentschicht, der vom Frühherbst an wieder jeweils eine schwarze Faulschlammschicht folgte. Dies zeigt, daß infolge der anthropogenen Eutrophierung der Zürichsee die Fähigkeit verloren hatte, die in ihm produzierte Phytoplanktonmasse vollständig, d. h. auf aerobem Wege, abzubauen. Schon vorher, nämlich in den Jahren 1893 und 1894, hatte man erstmalig auch bei der Trinkwasserentnahme aus dem Zürichsee einen erhöhten Schwebstoffgehalt des Rohwassers und ein rasches Zusetzen der Sandfilter beobachtet. Der Gehalt des Rohwassers an Bakterien hatte sich zwischen 1891 und 1900 etwa um den Faktor 10 erhöht (THOMAS 1965). Die Änderung des biologischen Gleichgewichts im Zürichsee war hauptsächlich durch starke Massenentwicklungen der planktischen Kieselalge *Tabellaria fenestrata* verursacht worden. Einen viel auffälligeren biologischen Indikator der Eutrophierung hatte man schon Jahrzehnte vorher in einem anderen Schweizer See, dem Murtensee, beobachtet. Dort färbte sich das Wasser erstmals im Jahre 1825 plötzlich rot „und es sah aus, als ob das Blut der ... in ihm ertrunkenen burgundischen Krieger aus der Tiefe emporstiege“ (JAAG 1954). Im Jahre 1476 war an dieser Stelle von den Schweizer Eidgenossen das zahlenmäßig überlegene Ritterheer Karls des Kühnen von Burgund vernichtend geschlagen worden. Der Schweizer Botaniker DE CANDOLLE nannte die Alge, die von 1825 an fast jedes Jahr den See zwischen Herbst und Frühjahr rot färbte, *Oscillatoria rubescens*. Bei dieser sogenannten Burgunderblutalge handelt es sich um eine Blaualge, die unter Schwachlichtbedingungen gedeiht und im Sommer normalerweise erst in Wassertiefen unterhalb 5 m anzutreffen ist. Mit dem Auftreten von *O. rubescens* veränderte sich der gesamte Stoffhaushalt des Sees, und der natürliche Bestand an Edelfischen (Felchen) ging innerhalb weniger Jahrzehnte bis auf unbedeutende Reste zurück. Im Baldegger See wurde die erste Massenentwicklung der Burgunderblutalge 1884 beobachtet, im Zürichsee, 1897, im Hallwiler See und Zuger See 1898.

Die „Neuerwerbungen“ an Phytoplankton-Massenformen erwiesen sich als bleibend und erweiterten ihr Vorkommen auch auf Talsperren. Im Stausee Innertal, Schweiz entwickelte sich *O. rubenscens* „so üppig, daß die aufrahmenden Algenmassen an der Oberfläche eine ausgedehnte Decke von 12 bis 20 cm Mächtigkeit bildeten, so daß es aussah, als ob die blutenden Eingeweide von Tausenden von Schlachttieren an der See-Oberfläche ausgebreitet worden wären“ (JAAG 1954). Allerdings wird eine so starke Entwicklung nur in manchen Jahren beobachtet. Der gleiche Autor konstatiert: die „großen Seen am Alpenrand, wie Bodensee, Walensee, Vierwaldstättersee, Genfer See usw. haben ihren ursprünglichen oligotrophen Charakter noch weitgehend bewahrt“, weist aber auf die bereits deutlichen Anzeichen dafür hin, daß „die biologischen Verhältnisse in Umwandlung begriffen sind“ (erstmaliges Auftreten einer Diatomeen-Massenentwicklung im Bodensee, Rückgang der Armleuchtergewächse (Characeen), dafür Zunahme der durch Eutrophierung begünstigten Laichkräuter).

Obwohl technische Maßnahmen zur Bekämpfung der Eutrophierung, darunter die Ableitung von Tiefenwasser, schon von THOMAS (1944) vorgeschlagen wurden, führte die z. T. um mehrere Jahrzehnte verzögerte „Antwort“ vieler der großen Alpenrandseen auf eine Erhöhung der Nährstoffbelastung (vgl. Abb. 2) dazu, daß das ganze Ausmaß des sich anbahnenden und später als „Seensterben“ bezeichneten Degradierungsprozesses nicht erkannt wurde. Nach der durch den zweiten Weltkrieg und seine Folgen bedingten Unterbrechung befaßte sich 1949 erstmalig ein internationaler Kongreß (Societas Internationalis Limnologiae, SIL) mit dem Problem der „kranken Seen“. Man erkannte, daß einer Eutrophierung in erster Linie durch prophylaktische Maßnahmen, vor allem die Ausschaltung der Abwasserbelastung aus dem Einzugsgebiet, begegnet werden muß. Jetzt wurden auch Klärwerke in größerer Zahl errichtet. Man entfernte durch die mechanisch-biologische Behandlung aus den Abwässern die fäulnisfähigen organischen Substanzen, um dem Sauerstoffschwund im Tiefenwasser der eutrophierten Seen zu begegnen. Dieser hatte zu einem starken Rückgang der Vermehrung des Lachsfisches *Coregonus lavaretus* (Blaufelchen, Große Maräne) geführt, weil dessen Eier sich nur in kaltem und sauerstoffreichem Tiefenwasser entwickeln können. Im Kläranlagenabfluß waren aber im Regelfall die mineralischen Pflanzennährstoffe (Ammonium, Phosphat) noch in so hoher Konzentration ent-

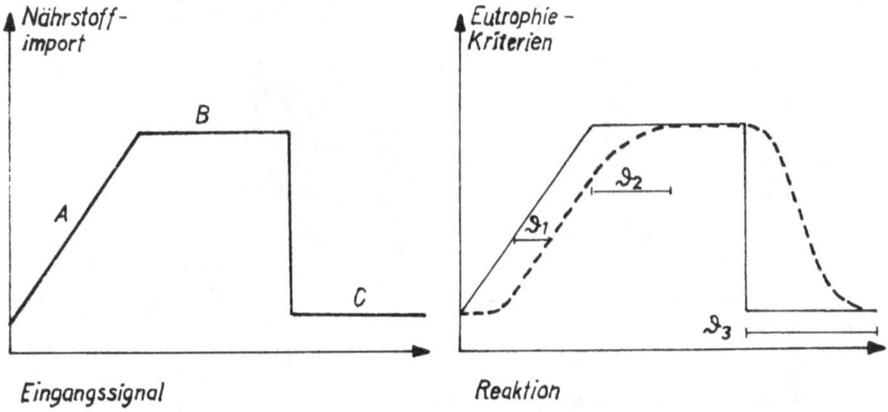

Abb. 2. Beispiel für die Beziehung zwischen Nährstoffimport und Eutrophierungsgrad von Seen.

$A \rightarrow B \rightarrow$ C: zeitlicher Verlauf.

A: rampenförmige Zunahme infolge Erhöhung der Abwassereinleitung (Erweiterung der Kanalisationsnetze).

B: Konstanz.

C: stufenförmige Verringerung der Belastung infolge Inbetriebnahme von Kläranlagen mit Nährstoffrückhaltung. $\vartheta_{1,2,3}$: Zeitverzögerungen

halten, daß die von ihnen hervorgerufene Algen-Massenentwicklung allein schon ausreichte, um Sauerstoffschwund im Tiefenwasser zu verursachen. Als sich schließlich in der Praxis die von führenden Limnologen schon seit längerem vertretene Ansicht durchsetzte, daß die Kläranlagen zusätzlich noch mit einer weiteren Stufe zur Rückhaltung des Phosphats ausgerüstet werden müssen, hatte inzwischen die Phosphoranreicherung und damit die „innere Belastung" in vielen Seen bereits ein solches Ausmaß erreicht, daß auch eine sehr weitgehende Ausschaltung der äußeren Belastungsquellen oft nicht mehr zu der Verbesserung der Wasserbeschaffenheit führte, die dem Ausmaß der Kosten für die Sanierung angemessen gewesen wäre. In diesem fort-

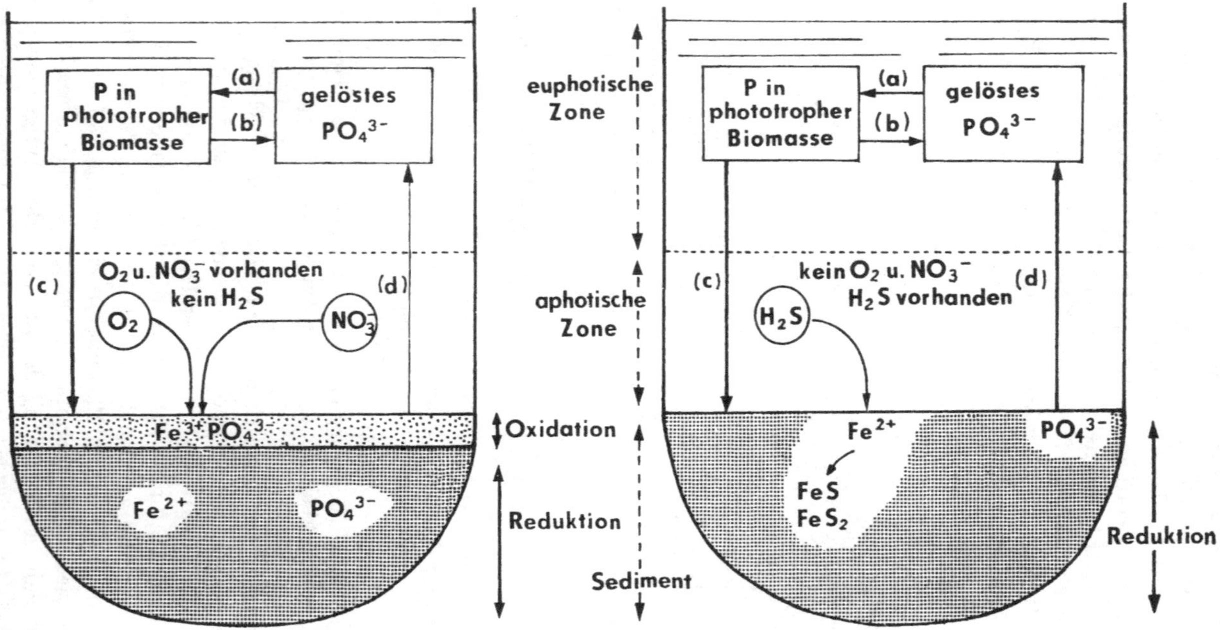

Abb. 3. Der Phosphorkreislauf im nicht eutrophierten (links) und im stark eutrophierten See (rechts).

Links: Festlegung des Orthophosphats im Bodensediment infolge Bestehens einer „Sperrschicht“ aus Eisen-(III)-phosphat und Eisen-(III)-hydroxid.

Rechts: Verstärkte Mobilisierung des Orthophosphates infolge „reduktiver Zerstörung“ der Sperrschicht. Kombiniert nach verschiedenen Autoren

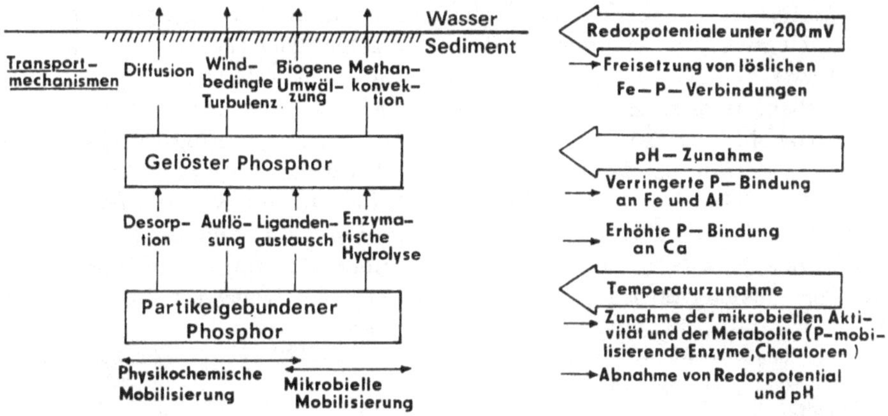

Abb. 4. Die für die Phosphatmobilisierung im Bodensediment von Seen maßgebenden Prozesse in ihrer Abhängigkeit von den wesentlichsten Einflußgrößen. Nach Boström, Jansson and Forsberg (1982), verändert

geschrittenen Stadium der Eutrophierung werden zusätzlich noch direkte Eingriffe in den Stoffhaushalt des Gewässers erforderlich, die im Regelfall ebenfalls sehr kostenaufwendig sind (s. Abschnitt 4 u. Abb. 12). Da die Nährstoffkonzentrationen im Bodensediment um mehrere Größenordnungen höher sind als in dem darüber befindlichen Wasserkörper, entscheidet vor allem der Mobilisierungsgrad dieser Nährstoffe über das Ausmaß der Eutrophierung (Abb. 3). An der Mobilisierung sind zahlreiche, sich z. T. überlagernde Prozesse beteiligt, deren Gesamtwirkung sich bis jetzt nur sehr schwer abschätzen bzw. vorhersagen läßt (Abb. 4). Das aber wiederum ist eine wesentliche Grundlage für Alternativentscheidungen über die günstigste Kombination der kostenaufwendigen Eingriffe (s. Uhlmann 1982). Nicht nur in Standgewässern, sondern auch in Be- und Entwässerungsgräben sowie in Flüssen kann eine Überlastung mit Nährstoffen zu Massenentwicklungen von höheren Wasserpflanzen führen. Beispielsweise hat sich im Oberlauf des Rheins ein Wasserhahnenfuß (*Ranunculus fluitans*) stark ausgebreitet, so daß er stellenweise das Flußbett regelrecht ausfüllt (Hofmann 1984).

3. Eutrophierung des Meeres?

Im Vergleich zu den meisten Binnenseen besitzen die Meere ein so großes Wasservolumen, daß die mit den Flüssen eingeleiteten Nährstoffe gegenüber dem bereits im System vorhandenen Nährstoffvorrat eigentlich kaum ins Gewicht fallen dürften. In einer vor weniger als vier Jahrzehnten erschienenen

Monografie aus der Feder eines sehr kompetenten Autors (GESSNER 1957) wird in Übereinstimmung mit den Befunden zahlreicher Einzeluntersuchungen die Ostsee als ein plankton- und nährstoffarmes (oligotrophes) Gewässer beschrieben. Bemerkenswert ist dabei die Feststellung, daß „die Nährstoffzufuhr sowohl vom Lande her wie vom Weltmeer allzu gering ist, als daß sie die Lebensentfaltung der Ostsee in ihrer Quantität wesentlich beeinflussen könnte" (s. 313/314). In Abbildung 5 ist die Orthophosphatkonzentration dargestellt, die den Phytoplanktern zu Beginn der im Frühjahr einsetzenden Wachstumsphase zur Verfügung steht. Innerhalb von zwei Jahrzehnten nach Erscheinen von GESSNERS Buch hat sich die Konzentration etwa ver-

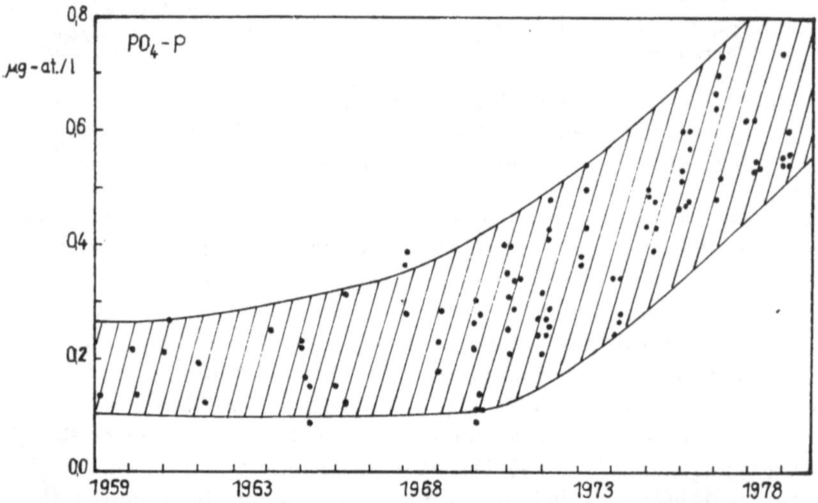

Abb. 5. Zunahme der mittleren Orthophosphatkonzentration in der Oberflächenschicht der Ostsee südöstlich von Gotland bei tiefreichender Windwirkung (Januar—April) vor Einsetzen der Frühjahrs-Massenentwicklung des Phytoplanktons. Nach NEHRING 1982a, verändert

dreifacht. Eine ähnliche Tendenz zeigt sich beim Nitrat, das in der Ostsee ebenfalls zu den stark wachstumsbegrenzenden Pflanzennährstoffen gehört (Abb. 6). Dadurch, daß in der Ostsee nicht nur die vertikalen Temperaturunterschiede, sondern auch die erheblichen vertikalen Unterschiede im Salzgehalt zu einer recht stabilen Dichteschichtung führen, wird in den größeren Tiefen der Sauerstoffvorrat, der sich ja von der Oberfläche her kaum erneuern kann, schon seit langem stark beansprucht (Näheres s. HUPFER 1979). Zu einer wesentlichen „Auffrischung" führen nur sehr große „Schübe" von Nordseewasser, die aber nur in sehr unregelmäßigen, weiten Zeitabständen

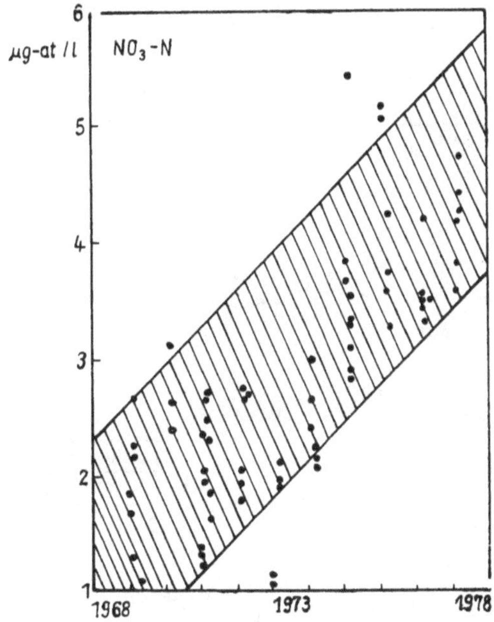

Abb. 6. Zunahme der mittleren Nitratkonzentration in der Ostsee (alle anderen Angaben wie in Legende zu Abbildung 5)

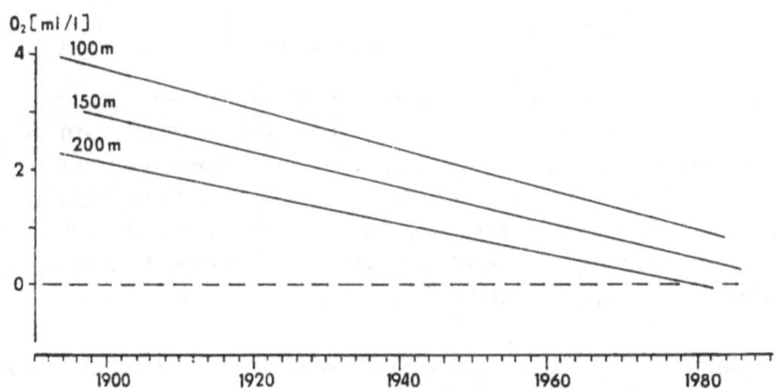

Abb. 7. Sauerstoffgehalt im Tiefenwasser der Ostsee (Gotlandtief). Regressionsgeraden für drei verschiedene Wassertiefen auf der Grundlage der über den Zeitraum von 80 Jahren verfügbaren Meßwerte. Nach MATTHÄUS 1979, verändert

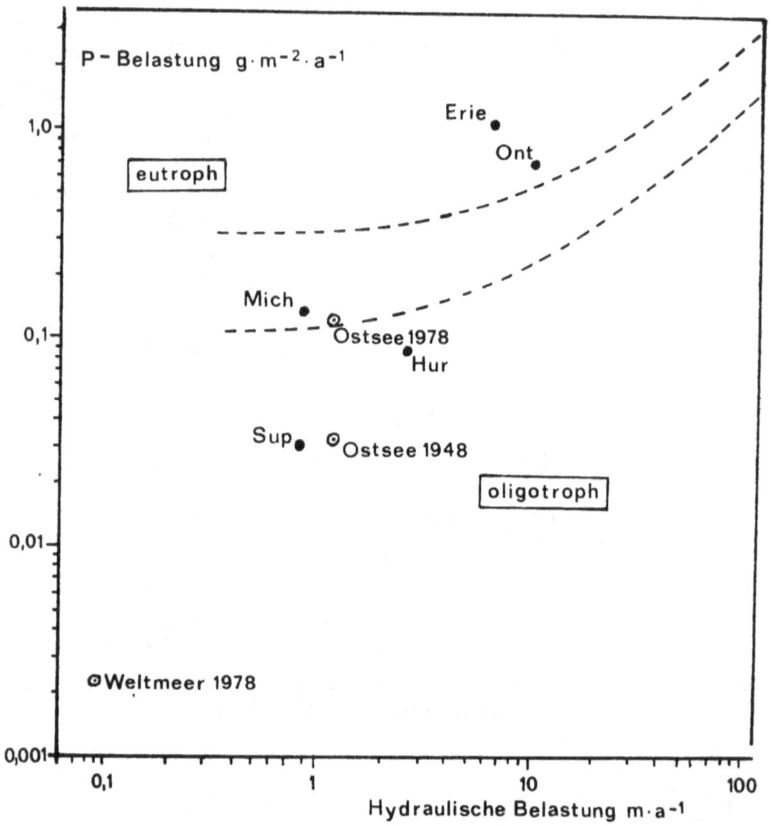

Abb. 8. Vollenweider-Diagramm. Der in einem Standgewässer zu erwartende Grad der Eutrophierung in Abhängigkeit von der Phosphorbelastung pro m^2 Wasseroberfläche und der hydraulischen Belastung (als Maß der Wassererneuerung; Angabe in m Wassersäule pro Jahr). Vergleich zwischen den Großen Seen Nordamerikas (Erie, Ontario, Michigan, Huron, Superior, aus VOLLENWEIDER 1973) und der Ostsee bzw. dem Weltmeer. Phosphorgehalt und -belastung der Ostsee überschläglich berechnet nach Angaben von NEHRING 1972a und b, unter Verwendung von Abbildung 5

einströmen. Der so importierte Sauerstoff wird offenbar immer schneller aufgebraucht. Die von MATTHÄUS (1979) berechnete Trendlinien (Abb. 7), lassen erkennen, daß sich derartige Eutrophierungsfolgen offenbar schon eher andeuteten als die in den Abbildungen 5 und 6 illustrierten Nährstoffüberschüsse. In der Limnologie und Wassergütewirtschaft ist es üblich, die Fläche A eines Binnengewässers mit der seines Einzugsgebietes A_E zu vergleichen und daraus Schlußfolgerungen auf das Ausmaß einer möglichen Eutrophierung abzuleiten. Stellt man einen solchen Vergleich auch für die Ostsee an (Abb. 10), so erhält man für $A_E/A = 3{,}74$. Dieser Verhältniswert liegt wesentlich höher als beim Weltmeer (0,43), aber ähnlich wie bei sehr großen Binnenseen. Beispielsweise beträgt A_E/A im Mittel für die 5 „Großen Seen" im Grenzgebiet zwischen Kanada und den USA 3,32, wobei der niedrigste Wert (2,51) vom Lake Superior und der höchste (4,63) vom Lake Ontario erreicht wird. Dementsprechend erscheint es berechtigt, die Ostsee auch hinsichtlich ihrer Phosphorbelastung und Wassererneuerung mit diesen Seen zu vergleichen. Die Abbildung 8 zeigt, daß die Ostsee als Ganzes zwar hinsichtlich P-Belastung noch eine volle Größenordnung von den stark eutrophierten Seen Erie und Ontario entfernt ist, aber bereits nicht mehr der Kategorie der oligotrophen (nährstoff- und planktonarmen) Gewässer zugeordnet werden kann. In einigen Küstengebieten, wie z. B. der Oder-Bucht, ist der Eutrophierungsgrad noch weitaus höher. Die Phosphorbelastung des Weltmeeres kann nur ganz grob geschätzt werden, da Meßwerte bis jetzt fehlen. Der in Abbildung 8 dargestellte Wert geht von der Annahme aus, daß durch Abwassereinleitungen und Bodenerosion eine Phosphormenge in das Weltmeer gelangt,

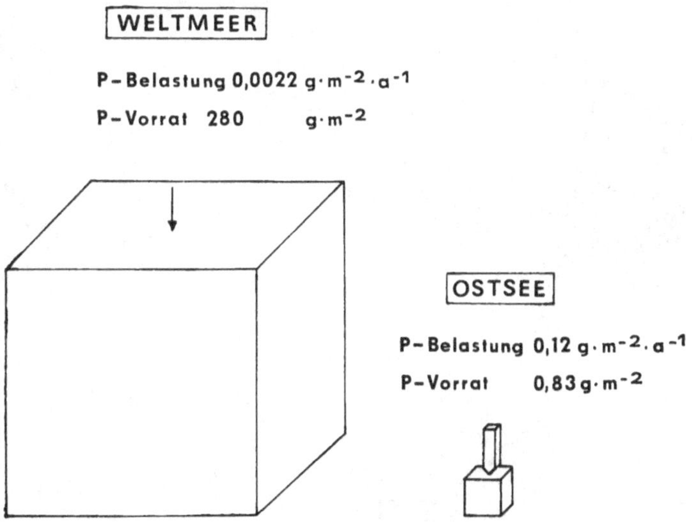

Abb. 9. Gegenüberstellung der Proportionen von P-Belastung aus dem Einzugsgebiet und P-Vorrat für das Weltmeer und die Ostsee. Die Volumina der Pfeile und Würfel entsprechen den angegebenen Zahlenwerten.

Verwendete Quellen: Baranov (1982, Seite 16), Hupfer (1979), Nehring (1982a und b), Pleiss (1977)

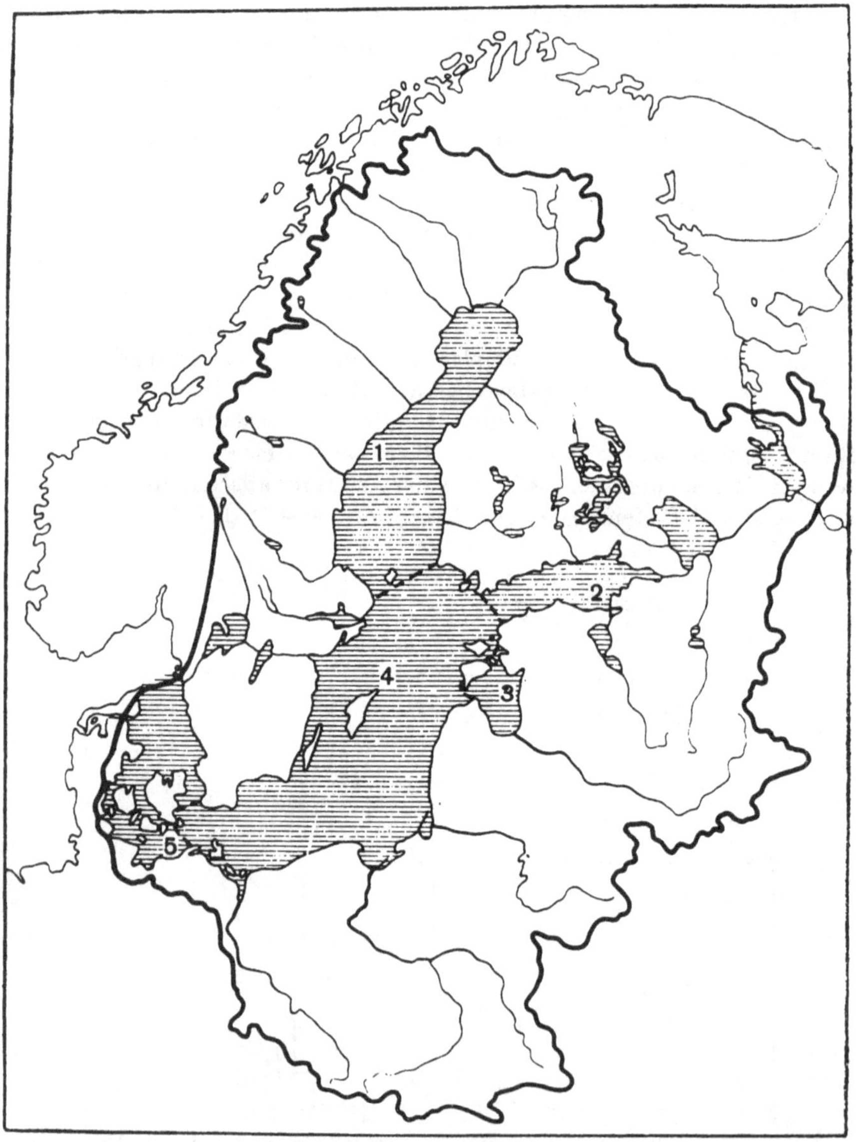

Abb. 10. Die Ostsee und ihr Einzugsgebiet.
(1 = Bottnischer, 2 = Finnischer, 3 = Rigaer Meerbusen, 4 = Inneres Ostseebecken, 5 = Beltsee)
Nach MIKULSKI 1974

die einem Anteil von 50% der jährlichen Weltproduktion an Phosphorverbindungen beträgt. Wahrscheinlich ist das eine Überschätzung. Setzt man die so angenommene äußere Phosphorbelastung pro m^2 Wasseroberfläche in Beziehung zum Phosphorvorrat, so ergeben sich höchst unterschiedliche Proportionen für die Ostsee einerseits und das Weltmeer andererseits (Abb. 9). Die Ostsee ist als ausgesprochenes Binnenmeer dem Einfluß ihres Einzugsgebietes sehr viel stärker ausgesetzt als das Weltmeer (Abb. 10). Dessen P-Vorrat ist schon auf Grund der mittleren Tiefe von 4000 m (Ostsee dagegen nur 52 m, Hupfer 1979) so groß, daß die Beeinflussung durch das Zuflußvolu-

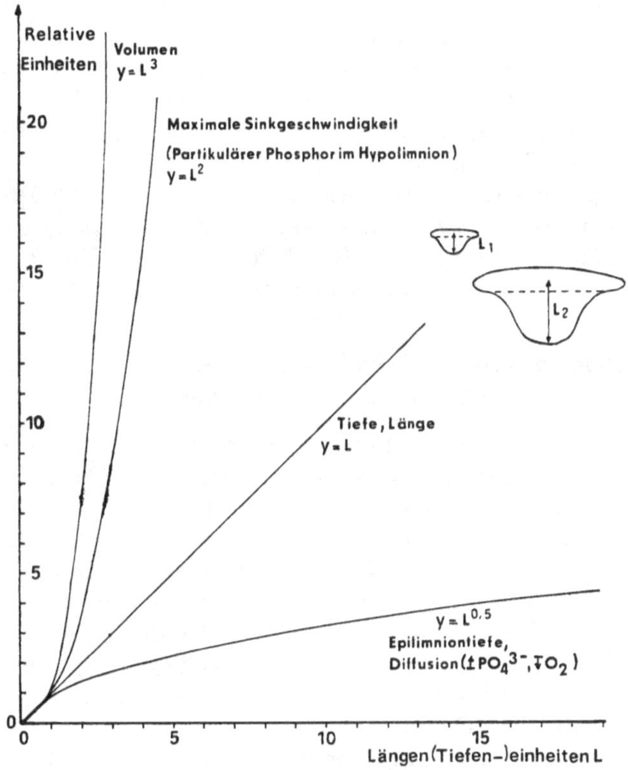

Abb. 11. Änderung des Volumens, der maximalen Sinkgeschwindigkeit sowie der Mächtigkeit der vom Wind durchmischten Oberflächenschicht (Epilimnion) mit zunehmender Größe eines Standgewässers. Das Schema bezieht aich auf geometrisch ähnliche Wasserkörper.

Beispiel: Zwei Seebecken mit den Maximaltiefen L_1 und L_2, wobei $L_2 : L_1 = 3 : 1$. Aus Uhlmann 1984, verändert men sämtlicher einmündender Flüsse und den darin enthaltenen Phosphor als äußerst gering bezeichnet werden muß. Selbst bei einer wesentlich höheren Flächenbelastung mit Phosphaten würde das Weltmeer auf Grund seiner großen Tiefe bei weitem nicht so empfindich reagieren wie die Ostsee. Wie Abbildung 11 zeigt, nimmt mit größerer Durchschnittstiefe eines Standgewässers der Anteil der oberen, durchmischten Wasserschicht, in der sich das Phytoplanktonwachstum abspielt, am Gesamt-Wasservolumen stark ab. Gleiches gilt für die „Fernwirkung" der Nährstoff-Freisetzung aus dem Bodensediment auf das Phytoplanktonwachstum. Andererseits nimmt unterhalb der turbulent durchmischten oberen Wasserschicht der Abwärtstransport von partikelgebundenem Phosphor (Sedimentation von Phytoplankton und Schwebstoffen) stark zu. Für die Beziehung $y = L^2$ wird allerdings nach einer bestimmten Sinkstrecke ein oberer Grenzwert, d. h. konstantbleibende Sinkgeschwindigkeit, erreicht. Das Weltmeer ist daher schon auf Grund seiner großen mittleren Tiefe, die zu einer Verlagerung des Großteils der Nährstoffvorräte in die oberflächenfernen Wasserschichten führt, gegen eine Eutrophierung sehr gut gepuffert. Dies schließt nicht aus, daß in küstennahen Gebieten auch ohne Abwasserbelastung gelegentlich lokale Massenentwicklungen von Phytoplankton (Wasserblüten, Red Tides) auftreten können, wie sie offenbar schon seit Jahrtausenden beobachtet werden (GILLBRICHT 1983).

4. Minimale Bioproduktion als Bewirtschaftungsziel der Trinkwassergewinnung und Nutzung für die Erholung

Eine fortgeschrittene Eutrophierung von Seen sowie von Talsperren, die der Trinkwasserversorgung dienen, verringert die Sicherheit für die Bereitstellung eines stets einwandfreien Trinkwassers erheblich bzw. führt zu einer starken Erhöhung der Aufbereitungskosten. Ideal für die Trinkwassergewinnung sind oligotrophe, d. h. nährstoff- und daher planktonarme Gewässer. In dicht besiedelten und/oder intensiv landwirtschaftlich genutzten Einzugsgebieten sind Sanierungsmaßnahmen erforderlich, welche die punktförmigen Belastungen (Ausläufe von Kanalisationen und Kläranlagen), aber auch die diffusen Nährstoffquellen (Abschwemmung oder Auswaschung von Nährstoffen aus landwirtschaftlichen Nutzflächen, Dränagen, Anlagen der Großvieh- und Geflügelhaltung sowie bebauten Flächen) erfassen (Näheres s. UHLMANN 1982). Auf lange Sicht gesehen ist dies wesentlich ökonomischer als hohe laufende Kosten für die Wasseraufbereitung. Ähnlich anspruchsvolle Forderungen stellt, vor allem in Europa und Nordamerika, die Erholung. Badegewässer mit Massenentwicklungen von Phytoplanktern sind nicht sehr attraktiv, außerdem wird durch einen hohen Gehalt an organischem Material das Überleben von Krankheitserregern (Bakterien, Viren) begünstigt. Die von bestimmten Blaualgen gebildeten Toxine können Allergien, insbesondere Hautentzündungen, hervorrufen. Viele besonders bemerkenswerte Arten von Wasservögeln, Fischen und anderen höheren Organismen können in stark eutrophierten Gewässern nicht gedeihen. Die enormen staatlichen Aufwendungen für die Seensanierung, wie sie z. B. in Österreich und der Schweiz zu verzeichnen sind (Ambühl 1981, Sampl 1983), sind nicht zuletzt ein Ausdruck für die Bedeutung, welche in diesen Ländern dem Fremdenverkehr als einem ökonomischen Faktor ersten Ranges beigemessen wird.

Im Zürichsee hatten die stark erhöhte Trübung des Wassers durch Phytoplankton und die Bildung von Schwimmschichten aus absterbenden Algen, die im Uferbereich zur Verschlammung der Badestrände und Schädigung der Schilfbestände führten, sich sehr nachteilig auf Trinkwassergewinnung, Badehygiene und Fischerei ausgewirkt. Dieser Zustand wurde in den Jahren 1967 bis 1970 grundlegend verändert. In dieser kurzen Zeit wurden in sämtlichen Gemeinden des Einzugsgebietes die teilweise schon vorher vorhandenen mechanisch-biologischen Abwasserbehandlungsanlagen mit einer weiteren Reinigungsstufe (Zugabe von Eisensalzen zur Ausfällung von Phosphorverbindungen) versehen. Dadurch konnten in fast allen Kläranlagen die Phosphate zu 90% aus dem Abwasser entfernt werden. Dieses vor allem von dem Schweizer Limnologen E. A. Thomas erprobte und in die Praxis eingeführte Verfahren (Simultanfällung) führte zu einer sehr auffälligen Verbesserung der Beschaffenheit des Zürichsees. Die Klarheit des Wassers erhöhte sich bedeutend, und niemals zuvor war bei den (seit 1910 begonnenen) Messungen des O_2-Gehaltes noch in der größten Tiefe (130 m) so viel Sauerstoff nachgewiesen worden (Thomas 1971).

Bei einer sehr hohen Belastung mit verschmutztem Niederschlagswasser, das von bebauten Flächen oder stark gedüngten Flächen abfließt, ist allerdings das Sanierungsziel eines oligotrophen oder wenigstens mesotrophen Zustandes oft nur zu erreichen, wenn auch für diese Zuflüsse eine zusätzliche Behandlung, z. B. in einer sogenannten Vorsperre (Näheres s. Benndorf u. Pütz 1983) vorgesehen wird. Eine andere Möglichkeit besteht darin, einen Teil dieser Zuflüsse gemeinsam mit den biologisch behandelten Abwässern umzuleiten. Für diese Entfernung aus dem Einzugsgebiet haben sich auch Kunststoffleitungen gut bewährt, die direkt in den Seen verlegt werden können, falls sich dadurch der Aufwand für Erdarbeiten erheblich verringert (Wurzer 1982). Bei Seen, deren Wassererneuerungsrate und Tiefe nicht sehr groß sind, und wie sie z. B. im nördlichen Mitteleuropa und in Skandinavien vorherrschen, ist eine schnelle Oligotrophierung nur in dem Maße zu erwarten, wie es gelingt, zusätzlich auch die innere Nährstoffbelastung (Abb. 3 u. 4) zu verringern. Einige bewährte Technologien sind in der Abbildung 12 dargestellt.

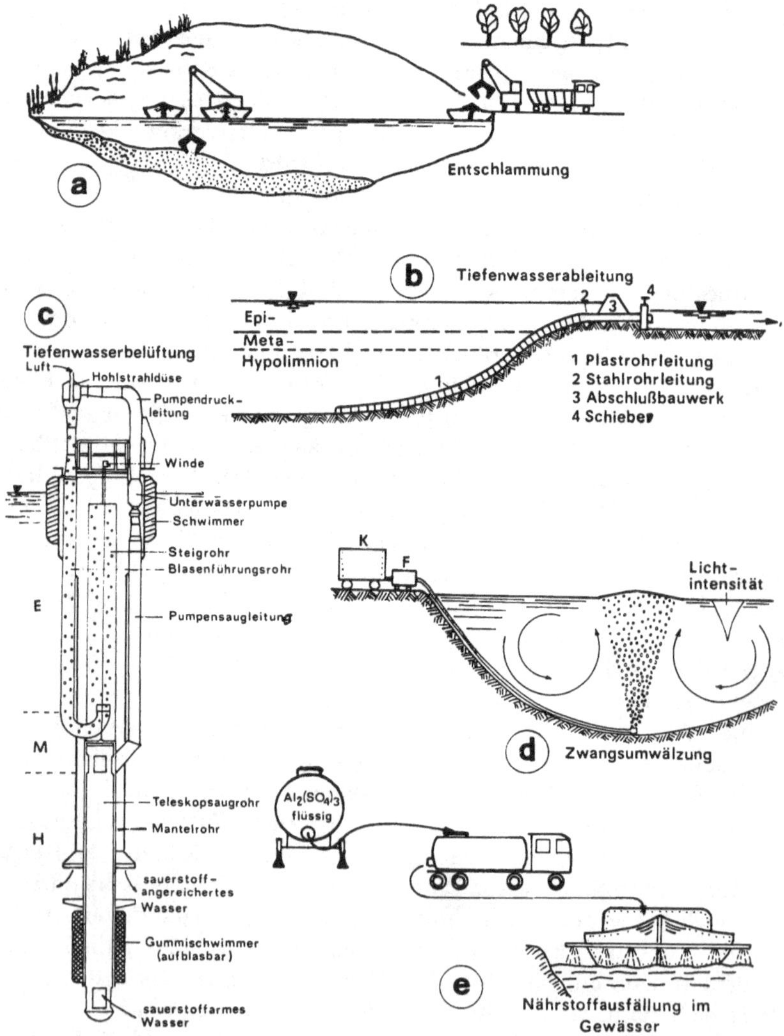
a
Entschlammung
b
Tiefenwasserableitung
Epi-
Meta-
Hypolimnion
1 Plastrohrleitung
2 Stahlrohrleitung
3 Abschlußbauwerk
4 Schieber
c
Tiefenwasserbelüftung
Luft
Hohlstrahldüse
Pumpendruckleitung
Winde
Unterwasserpumpe
Schwimmer
Steigrohr
Blasenführungsrohr
Pumpensaugleitung
E
M
H
Teleskopsaugrohr
Mantelrohr
sauerstoff-angereichertes Wasser
Gummischwimmer (aufblasbar)
sauerstoffarmes Wasser
K
F
Licht-intensität
d
Zwangsumwälzung
$Al_2(SO_4)_3$ flüssig
e
Nährstoffausfällung im Gewässer

5. Optimale Bioproduktion als Zielfunktion der Fischereiwirtschaft. Eutrophierung tropischer Gewässer

Unter dem Gesichtspunkt der fischereilichen Produktion stellt nur die Bewirtschaftung von Klarwasserseen mit Lachsfischen weitgehende Ansprüche an den Sauerstoffhaushalt. Solche Seen existieren fast nur in den gemäßigten und kalten Klimazonen. Hingegen setzt die Aufzucht von Karpfenfischen in Teichen, besonders die Polykultur, die gleichzeitige Haltung mehrerer Arten, ein sehr reichliches Nährstoffangebot voraus. Ziel ist dabei, die verfügbare Sonnenenergie möglichst weitgehend in pflanzliche Biomasse und weiterhin in Fischfleisch umzusetzen. In manchen tropischen Regionen, besonders in Süd- und Südostasien, wird die Proteinversorgung der Bevölkerung zu 50% und mehr durch die Binnenfischerei gewährleistet (PANTULU 1982). Die dabei angestrebten Jahreserträge von 5 bis 6 t/ha sind nur in nährstoffreichen Gewässern (Teiche und flache Seen) überhaupt denkbar. Aber auch in hochindustrialisierten Ländern wie der DDR ist die stärkere Nutzung des Phytoplanktons anstelle einer weiteren Erhöhung des Imports an Eiweißfuttermitteln eine sehr aktuelle Aufgabenstellung der Karpfenteichwirtschaften. — In Talsperren, die in erster Linie der Trinkwasserversorgung für größere Städte dienen, muß auch in tropischen und subtropischen Ländern eine

Abb. 12. Gewässerinterne Maßnahmen gegen die Folgen der Eutrophierung.

a) Durch die Entschlammung kann aus einem See der Großteil des P-Vorrates entfernt werden.

b) Bei der Tiefenwasserableitung kann die Entfernung des Wassers mit dem höchsten Nährstoffgehalt mit der Bewässerung landwirtschaftlicher Nutzflächen verbunden werden. Je nach Geländeverhältnissen erfolgt die Wasserentnahme ohne (dieses Beispiel) oder mit Pumpen.

c) Tiefenwasserbelüftung: Entnahme von sauerstoffarmem Tiefenwasser, das nach Anreicherung mit Luftsauerstoff wieder in die untere Wasserschicht (Hypolimnion H) gelangt, ohne daß die warme, O_2-reiche Oberflächenschicht (Epilimnion E) und die thermische Sprungschicht (Metalimnion M) mit erfaßt werden.

d) Bei Zwangsumwälzung des gesamten Wasserkörpers mittels Druckluft wird die Aufenthaltszeit des Phytoplanktons in den lichtarmen bzw. dunklen Wasserschichten so stark erhöht, daß keine Massenentwicklungen mehr möglich sind. K = Kompressor, F = Filter (Rückhaltung von Öldämpfen).

e) Bindung und anschließende Sedimentation des gelösten Orthophosphates durch Zugabe eines Fällmittels, dadurch Entfernung aus der durchlichteten, für das Phytoplanktonwachstum maßgebenden Oberflächenschicht.

a) bis c) sowie e) aus KLAPPER 1980

Phytoplankton-Massenentwicklung möglichst vermieden werden, weil infolge des höheren Photosynthese-Potentials und der hohen Wassertemperaturen die möglichen Störungen bei der Wasseraufbereitung noch weit größer sind als z. B. in Mitteleuropa (BELSARE 1982). Die hohe photosynthetische Aktivität kann zu Tag-Nacht-Schwankungen des pH-Wertes über mehrere Größenordnungen führen, so daß die Flockung mit Aluminiumsulfat wegen des zeitweise viel zu hohen Rest-Aluminiumgehaltes im aufbereiteten Trinkwassers

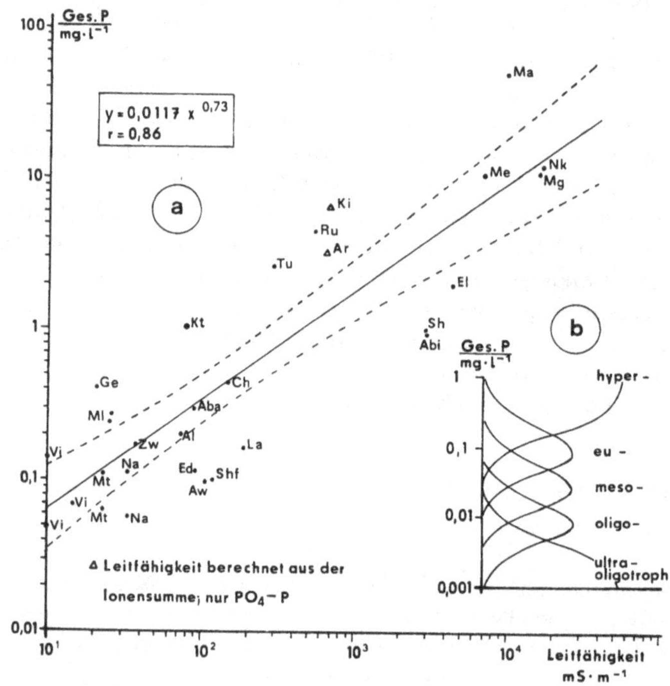

Abb. 13. a) Gegenüberstellung von Gesamtsalzgehalt (als Leitfähigkeit) und Gesamtphosphorgehalt in Seen Ostafrikas. Daten aus TALLING and TALLING 1965 (Erklärung der Abkürzungen: Aba = Abaya, Abi = Abiata, Al = Albert, Ar = Aranguadi, Aw = Awassa, Ch = Chamo, Ed = Edward, El = Elmenteita, Ge = George, Ki = Kiloles, Kt = Kitangiri, La = Langano, Ma = Manyara, Me = Metahara, Mg = Magadi, Ml = Mulehe, Mt = Mutanda, Na = Naivasha, Nk = Nakuru, Ru = Rukwa, Sh = Shala, Shf = Shalafu, Tu = Turkana, Vi = Victoria, Zw = Zwei). Zahlenangaben für Ar und Ki berechnet nach Daten von PROSSER, WOOD and BAXTER 1968).

b) Beziehung zwischen Gesamt-P-Gehalt (Jahresmittel) und Wahrscheinlichkeitsverteilung der verschiedenen Trophiestufen über das Gesamtspektrum der P-Konzentration (Ergebnis dreijähriger Untersuchungen an 454 Seen und Talsperren Europas und Nordamerikas). Nach BERNHARDT 1981 zum Problem wird. Da in tropischen Talsperren auch die Temperatur des Tiefenwassers normalerweise fast stets höher als 20 °C ist, werden im Leitungsnetz die Wiederverkeimung sowie biochemische Korrosionsprozesse stark gefördert. Bei Gewinnung von Trinkwasser mit Hilfe von Langsamsandfiltern kann die mikrobielle Sulfatreduktion u. U. ein solches Ausmaß erreichen, daß im Reinwassernetz Schwefelwasserstoff auftritt.

Bei der Bewirtschaftung von tropischen Seen hingegen, sofern sie nicht ebenfalls in erster Linie der Trinkwasserversorgung dienen, besitzt neben der Bewässerung und Energiegewinnung die Fischproduktion den höchsten Stellenwert, wenn man von einigen wichtigen Ausnahmen absieht. In diesem Zusammenhang muß unbedingt beachtet werden, daß das für europäische und nordamerikanische Seen bewährte System zur Beurteilung der Eutrophierung offenbar kaum auf tropische Seen in Gebieten mit langen Trockenperioden anwendbar ist. Die meisten der in Abbildung 13 a dargestellten Seen liegen im Großen Ostafrikanischen Graben und besitzen keinen Abfluß zum Meere hin. Der Gesamt-Salzgehalt, gemessen an der Leitfähigkeit, ist sehr unterschiedlich. Der untere linke Teil der Punktwolke umfaßt Seen, deren Wasser noch als Trinkwasser geeignet ist, der obere, rechte Teil dagegen Sodaseen, in denen der Natriumkarbonatgehalt z. T. so hoch ist, daß dieses im Uferbereich in Form von Salzablagerungen bzw. -ausblühungen schon optisch in Erscheinung tritt. Man erkennt, daß mit dem Salzgehalt auch der Phosphorgehalt steigt. Allerdings darf in Abbildung 13 die erhebliche Streuung nicht übersehen werden (beide Achsen sind logarithmisch geteilt!). Nach dem im rechten unteren Teil der Abbildung eingezeichneten Klassifikationsschema der OECD-Länder (aus Bernhardt 1981) wären einige Seen noch als „eutroph", die meisten aber als „hypertroph" einzustufen bzw. hinsichtlich ihres P-Gehaltes überhaupt nicht mehr einzuordnen. Es liegt aber in den meisten Fällen überhaupt keine nennenswerte anthropogene Eutrophierung vor. Unter den Seen mit einem P-Gehalt von mehr als 1 mg/l sind einige zumindestens fischereilich noch von großem Wert. Der hohe Phosphorgehalt ist vor allem dadurch bedingt, daß im Einzugsgebiet der meisten in Abbildung 13 a dargestellten Seen basische Gesteine von geringem Verwitterungsgrad bzw. Lava vorherrschen oder Quellen mit relativ hohem Soda- und Phosphatgehalt zufließen. — Unter diesen Gewässern befinden sich auch einige vulkanische Kraterseen. In Europa sind Kraterseen wie das Pulvermaar, das Weinfelder und das Gemündener Maar in der Eifel auf Grund ihrer Abgeschlossenheit, der geringen Ausdehnung ihres Einzugsgebietes und der erheblichen Tiefe von Natur aus oligotrophe Klarwasserseen mit einem sehr hohen Anteil an kaltem und sauerstoffreichem Tiefenwasser. Der Begriff „oligotropher See" wurde erstmalig 1915 von Thienemann im Ergebnis seiner Untersuchungen an den Eifelmaaren verwendet (Thienemann 1928). Der in Ab-

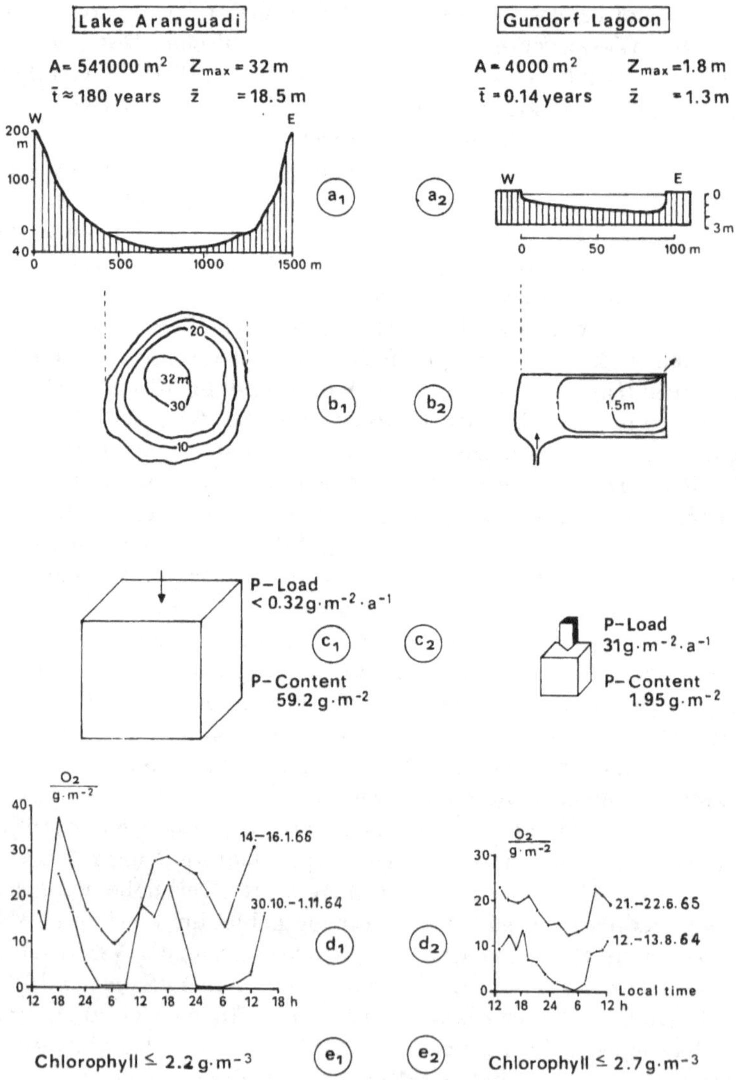
Lake Aranguadi
A = 541000 m²   Zmax = 32 m
t̄ ≈ 180 years   z̄ = 18.5 m
Gundorf Lagoon
A = 4000 m²   Zmax = 1.8 m
t̄ = 0.14 years   z̄ = 1.3 m
W
E
a1
a2
b1
b2
32m
30
20
10
1.5m
P-Load
< 0.32 g·m⁻²·a⁻¹
P-Content
59.2 g·m⁻²
c1
c2
P-Load
31 g·m⁻²·a⁻¹
P-Content
1.95 g·m⁻²
O2
g·m⁻²
14.–16.1.66
30.10.–1.11.64
d1
d2
21.–22.6.65
12.–13.8.64
Local time
e1
e2
Chlorophyll ≤ 2.2 g·m⁻³
Chlorophyll ≤ 2.7 g·m⁻³

bildung 14 dargestellte Lake Aranguadi (Äthiopien) ist seiner Entstehung nach ebenfalls ein Explosionskrater und besitzt ebenso wie drei weitere Kraterseen in seiner Nachbarschaft eine den genannten Eifelmaaren ähnliche Beckenform und -größe. Auch er ist relativ abgeschlossen und offensichtlich kaum anthropogen beeinflußt. Im Gegensatz zu den Maaren sinkt jedoch die Temperatur des Tiefenwassers in den äthiopischen Kraterseen nicht unter 20 °C. Dieses enthält keinen Sauerstoff, im Lake Aranguadi dagegen Schwefelwasserstoff. Der Phosphorgehalt ist in den drei anderen Kraterseen, die auch einen nicht so hohen Gesamtsalzgehalt (Soda) besitzen, sehr niedrig, dagegen in dem sehr salzreichen Lake Aranguadi wesentlich höher als selbst in den am stärksten anthropog eutrophierten Seen Europas und Nordamerikas. Ein Vergleich ist allenfalls noch mit Teichen möglich, die zur Reinigung konzentrierter häuslicher Abwässer dienen (Abb. 14), jedoch ist der P-Vorrat unter dem m^2 Wasseroberfläche im Lake Aranguadi noch immer mehr als eine Größenordnung höher als in dem Abwasserteich. Die von TALLING et al. (1973) genannte planktische Primärproduktion gehört zu den höchsten, die jemals in Gewässern gemessen wurden. Wie Abbildung 14 zeigt, beträgt die Tag-Nacht-Amplitude des O_2-Gehaltes mehr als 20 g/m^2, wobei die Konzentration nachts bis auf Null absinken kann. Noch größere Amplituden sind offenbar auch in anthropogen eutrophierten Gewässern nicht zu erwarten. Nach BARTHELMES (1975) können in gedüngten Karpfenteichen O_2-Amplituden bis etwa 17 g · m^{-2} auftreten. Ähnlich hohe Werte sind in hypereutrophen Flachseen zu beobachten (L. KALBE, persönliche Mitteilung). In Abbildung 14 wird

Abb. 14. Vergleich zwischen einem See mit extrem hohem natürlichem P-Gehalt (Aranguadi, Äthiopien) und einem Abwasserteich (Gundorf bei Leipzig, extrem hohe P-Belastung durch den Zufluß).

a_1, a_2: Oberfläche A, mittlere Tiefe $\bar{z}$, Maximaltiefe z_{max}, mittlere theoretische Verweilzeit des Wassers $\bar{t}$ und Längsprofil.

$b_{1,2}$: Aufsicht, Tiefenlinien

$c_{1,2}$: Gegenüberstellung von P-Belastung aus dem Einzugsgebiet (Pfeile) und P-Gehalt (Würfel), Belastung für Aranguadi grob geschätzt. Erklärung der Darstellung siehe Legende zu Abb. 9

$d_{1,2}$: Tag-Nacht-Schwankungen des O_2-Gehaltes im Ergebnis der Photosynthese des Phytoplanktons.

$e_{1,2}$: Gehalt an Chlorophyll-a als Maß der Phytoplanktonmasse.

a_1, b_1: nach PROSSER, WOOD and BAXTER 1968,

c_1: berechnet nach der gleichen Quelle,

d_1, e_1: nach TALLING et al. 1973,

a_2 bis e_2: Original

die Tag-Nacht-Amplitude des O_2-Gehaltes im Lake Aranguadi dem in einem Abwasserteich gegenübergestellt. In beiden Gewässern erreicht der Chlorophyllgehalt den extrem hohen Wert von mehr als 2 mg/l. Wegen des H_2S-Gehalts im Tiefenwasser, der bei tiefreichender nächtlicher Konvektion allein schon ausreicht, um in der oberflächennahen Wasserschicht O_2-Schwund hervorzurufen, fehlen auch im Lake Aranguadi Fische völlig.

Es wäre sinnlos, bei einem See, dessen externe anthropogene Belastung praktisch gleich Null, dessen P-Gehalt aber schon von Natur aus extrem hoch ist, die Frage nach Maßnahmen gegen die Eutrophierung zu stellen.

6. Phosphor als Rohstoff. Möglichkeiten seiner Wiederverwendung. Die Eutrophierung als nur vorübergehendes („Verschwendungs") Symptom?

In hochindustrialisierten und dichtbesiedelten Ländern Europas und Nordamerikas hat sich in fast allen Seen, die früher als oligotroph galten, die Wasserbeschaffenheit durch anthropogene Eutrophierung verschlechtert, sofern nicht nachträglich mit einem sehr hohen ökonomischen Aufwand die externen und z. T. auch die internen Belastungsquellen ausgeschaltet wurden. Für die Beibehaltung solcher Maßnahmen werden künftig zusätzlich auch Gründe sprechen, die nicht unmittelbar etwas mit dem Schutz der Gewässer zu tun haben. Nur wenige Rohstoffe sind auch im wörtlichen Sinne lebensnotwendig. Zu diesen gehört neben dem Wasser aber auch der Phosphor. Eine ausreichende Ernährung der Erdbevölkerung, d. h. der gegenwärtig vorhandenen und der in den nächsten 30 Jahren hinzukommenden Milliarden, ist bereits absolut undenkbar ohne eine künstliche Düngung der landwirtschaftlichen Nutzflächen. Während die Produktion von mineralischem Stickstoffdünger auf der Grundlage von atmosphärischem Stickstoff erfolgt, stammen die Rohstoffe für die Herstellung von Phosphordünger ausschließlich aus Lagerstätten, die sich nicht erneuern. Die DDR muß die von ihr benötigten P-haltigen Rohstoffe 100%ig importieren. Dividiert man die bis jetzt bekannten abbauwürdigen Weltvorräte an Phosphaten (BERNHARDT 1978, WINKLER 1983) durch die alljährlich geförderte Menge, so würden diese, bei Anwendung der gegenwärtig bekannten Technologien, noch mehrere hundert Jahre reichen. Diese Zeitdauer wäre aber wesentlich kürzer, rechnete man den hohen Pro-Kopf-Verbrauch an Phosphor, wie er z. B. für die BRD und die meisten anderen hochindustrialisierten Länder kennzeichnend ist, auf die gesamte Erdbevölkerung um. Das in Waschmitteln enthaltene Pentanatriumtriphosphat sowie P-haltige Zusätze in Lebensmitteln werden dort in einer Höhe bis zu etwa 1,5 kg P pro Einwohner und Jahr benötigt. Für die landwirtschaftliche Produktion wird nochmals etwa die gleiche P-Menge gebraucht. In der Summe ergibt sich (wenn man annimmt, daß der zusätzliche industrielle Bedarf in der erstgenannten Zahl mit enthalten ist) ein Wert von rund 3 kg P pro Einwohner und Jahr. Multipliziert man diesen Wert mit einer Erdbevölkerung von 4 Milliarden, so müßte die gegenwärtige Weltförderung an Phosphaten auf das 60-fache erhöht werden, und die bekannten nutzungswürdigen Vorräte würden theoretisch nur noch für knapp 4 Jahre reichen. Diese verallgemeinernde und anfechtbare Rechnung soll nur zeigen: Die Phosphorreserven der Erde müssen für die Landwirtschaft erhalten werden! Eine Gewässerdüngung muß künftig auf die Fälle beschränkt bleiben, wo sie ausschließlich im Interesse einer erhöhten Fischproduktion liegt. Ein unerwünschtes Massenwachstum von Algen oder höheren Wasserpflanzen ist ein eindeutiges Symptom dafür, daß ein unersetzbarer Rohstoff schlechthin vergeudet wird, wobei die unerwünschten Folgen dieser Gewässerdüngung zusätzlich noch einen sehr hohen Kostenaufwand für Wasseraufbereitung, Krautbekämpfung und Sanierungsmaßnahmen verursachen.

Wie läßt sich nun der bisher verschwendete Phosphor rückgewinnen? Gegenwärtig zeichnen sich hierzu die folgenden Möglichkeiten ab:

a) Nutzung von Seenschlamm und nährstoffreichem Tiefenwasser der Seen. Das bei der Entschlammung von Seen anfallende relativ phosphorreiche Bodensediment kann speziell in Obstplantagen auf leichten Böden mit Erfolg als Bodenverbesserungsmittel eingesetzt werden. Im havelländischen Obstanbaugebiet wurden dadurch Ertragssteigerungen bis zu 30% erzielt (Kalbe 1976). Die Vorräte an gewinnbarem Seenschlamm werden in der DDR auf mehr als 3 Mrd m^3 geschätzt (Kalbe, persönliche Mitteilung). Dies entspricht einem P-Äquivalent von mindestens 600000 t, einem Betrag, der größer ist als ein Fünfjahresbedarf. Die Ableitung von Tiefenwasser ist eine wichtige Maßnahme der Seensanierung (Abb. 12). Da die stärkste Nährstoffanreicherung (im Hochsommer) auch mit einem besonders hohen Bedarf an Bewässerungswasser zusammenfällt, können gleichzeitig die Nährstoffe für die landwirtschaftliche Produktion genutzt werden.

b) Algen-Massenkulturen mit dem Ziel der Phosphoranreicherung. Algen sind in der Lage, auch aus extrem „verdünnten" Nährlösungen, und als solche muß man das Wasser des Meeres und der meisten Seen bezeichnen, den Phosphor zu entziehen und in ihren Zellen bis auf ca. 0,5% der Trockenmasse anzureichern (in bestimmten Fällen sogar auf noch wesentlich höhere Werte). Im Laborexperiment war es schon möglich, aus Planktonalgen Sedimente mit einem P-Gehalt bis maximal 13% zu gewinnen (Uhlmann 1971). Solche Werte sind bereits mit denen von P-Mineralen (Phosphoriten) zu vergleichen. Obwohl schon seit mehreren Jahren Projekte existieren, den in warmen Meeren bestehenden starken vertikalen Temperaturunterschied zur Erzeugung von Energie (Niederdruckdampfturbinen) und das hochgepumpte nährstoffreiche Tiefenwasser gleichzeitig für die Massenkultur von Algen zu nutzen, liegen die Realisierungsmöglichkeiten jedoch noch in weiter Ferne. Eine Anlage, die auf dem Prinzip der P-Anreicherung in Planktonalgen beruhen und pro Tag 1000 t P als Phosphorit produzieren sollte (das entspricht rund 3% des gegenwärtigen Weltbedarfs), müßte doch allein in der ersten Stufe ca. 25 km³(!) Wasser pro Tag filtrieren, um die notwendige Anreicherung des Phytoplanktons zu gewährleisten. In der Natur erfolgt diese Anreicherung „automatisch" z. B. innerhalb der Freßkette: Phytoplankton → Zooplankton → Fische → fischfressende Vögel → Guano.

c) Einsatz P-speichernder Bakterien bei der biologischen Abwasserreinigung.

Wenn Bakterien, die für ihren Stoffwechsel normalerweise gelösten molekularen Sauerstoff benötigen, unter „anaeroben Streß" geraten, kann das für die Erhaltung der Lebensfunktionen unentbehrliche ATP (Adenosintriphosphat) nicht mehr gebildet werden. Eine „Notversorgung" ist aber

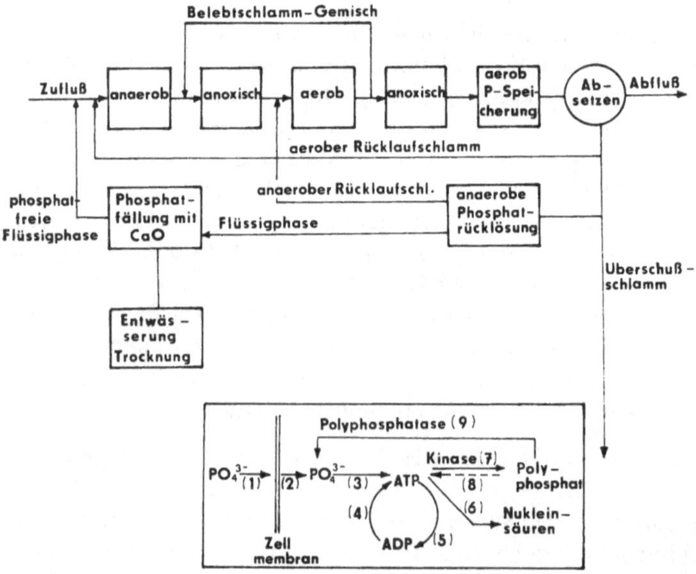

Abb. 15. a) Eine der möglichen verfahrenstechnischen Varianten für die P-Rückgewinnung aus kommunalen Abwässern bei gleichzeitiger Beseitigung (Abgasung) überschüssiger N-Verbindungen durch Nitrifikation/Denitrifikation. Nach RÖSKE, unveröffentlicht.

b) Biochemische Wege der P-Inkorporation und -Mobilisierung. Nach OSBORN and NICHOLIS 1978, aus ADLER 1981, verändert durch direkte Umwandlung von Polyphosphat zu ATP möglich. Die Streßbedingungen führen aber gleichzeitig zur Abgabe von Orthophosphat an das Außenmedium, also zur P-Verarmung der Bakterienzellen. Werden diese nun erneut unter aerobe Bedingungen gebracht, setzt eine sehr starke Speicherung von intrazellulärem Polyphosphat im Sinne einer Überkompensation ein. Dieser Mechanismus kann dazu genutzt werden, dem kommunalen Abwasser das gelöste Orthophosphat zu entziehen. Die entsprechende Modifikation des normalerweise bei der biologischen Abwasserreinigung eingesetzten Belebtschlammprozesses ist in Abbildung 15 dargestellt. Dabei müssen vor allem zwei Voraussetzungen erfüllt werden:

— ein hoher Wirkungsgrad der Rückführung von Bakterien-Biomasse in den Kreislauf
— anaerobe Bedingungen, d. h. auch Abwesenheit von Nitrat-Sauerstoff,

der sonst den „anaeroben Streß" verhindern würde. Entsprechende Verfahren wurden vor allem von Forschungsgruppen in Nordamerika und Südafrika entwickelt. Die verstärkte Wiedernutzbarmachung der in den Abwässern enthaltenen Nährstoffe ist zweifellos notwendig. Für den Fall, daß die drei größten Städte der DDR mit Anlagen zur weitgehenden Rückgewinnung des Phosphors aus dem Abwasser ausgerüstet werden, würde das allerdings noch nicht ganz ausreichen, um 10% des Jahresbedarfs an phosphorhaltigen Rohstoffen zu decken.

7. Weitgehend geschlossene territoriale Stoffkreisläufe

Die Integration von Abfallverwertung, Land- und Fischereiwirtschaft ist nicht neu. Das in Abbildung 16 dargestellte Beispiel aus China beruht auf einer viele Jahrhunderte umfassenden Erfahrung. Die Verwertung von kommunalen Abwässern für den Acker- und Pflanzenbau besitzt auch in unserem Lande eine Tradition, die immerhin bis in das vergangene Jahrhundert zurückreicht. Über viele Jahrzehnte bildeten die Rieselfelder um Berlin und nördlich von Leipzig nicht nur eine gute Möglichkeit zur Wiederverwendung des Abwassers und der darin enthaltenen Nährstoffe, sondern auch ein wirksames Puffer-Ökosystem zum Schutz der Oberflächengewässer. Andererseits sind die verbliebenen Rieselfeldflächen überlastet bzw. werden in steigendem Maße für andere Nutzungen, wie z. B. den Wohnungsbau, benötigt. Daher mußten im Interesse des Schutzes der Gewässer mit einem hohen Kostenaufwand Klärwerke errichtet werden. für die auch eine chemische Ausfällung des Phosphors vorgesehen ist, ohne daß allerdings in naher Zukunft schon an dessen weitgehende Wiederverwendung gedacht werden kann. Dieser generelle Nachteil der sogenannten „künstlichen" Abwasserreinigung wurde schon sehr früh erkannt: „Bei rationeller Ausbeutung der städtischen Abwässer müßte also jede

Stadt von 100000 Einwohnern auf eine Jahreseinnahme von rd. 1/2 Million Mark aus ihren Abwässern rechnen können" (DUNBAR 1907 S. 271). Es existierten früher auch zahlreiche Anlagen zur Behandlung von kommunalen Abwässern in Fischteichen unter gleichzeitiger Zugabe von Verdünnungswasser. Dabei ist „nicht zu übersehen, daß die Fischteiche — wie die Rieselfelder — Werte produzieren, während in den Füll- und Tropfkörpern Werte zerstört werden" (ebenda S. 515). Der Ausdruck „zerstört" bezieht sich auf die biochemische Verbrennung der abbaubaren organischen Substanzen, für die bei der „künstlichen" biologischen Abwasserbehandlung erhebliche Energiemengen (Belüftung, Durchmischung) aufgewendet werden müssen. In diesem Zusammenhang ist heute auch die Frage nach den Möglichkeiten einer weitgehenden Substitution des Phosphors in Waschmitteln aktuell. An Stelle von Pentanatriumtriphosphat haben sich in begrenztem Umfang schon die Nitrilotriessigsäure sowie das Natriumaluminiumsilikat durchgesetzt (BERNHARDT 1978, PILCHOWSKI et al 1984). Keinesfalls substituierbar ist natürlich der Phosphor in der Landwirtschaft und intensiven Fischereiwirtschaft. Gerade aus diesem Grunde ist es aber erforderlich, den Phosphoreintrag in die Gewässer drastisch zu reduzieren, so daß eine Kapitelüberschrift wie „Der See als Kloake der Landschaft" eines Tages nur noch von historischem Interesse sein wird.

In der DDR sind mit Wirkung vom 1. 1. 84 durch die Agrarpreisreform die staatlichen Subventionen für Dünger in Fortfall gekommen. Sicherlich

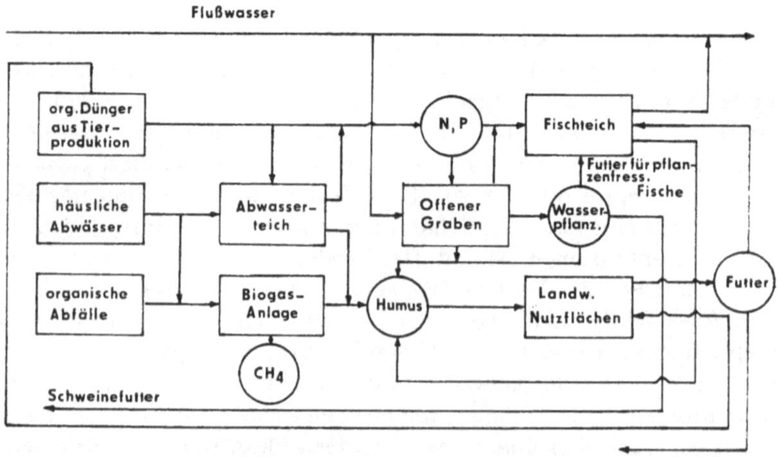

Abb. 16. Integration von Abwasserbehandlung, fischereilicher und landwirtschaftlicher Produktion (abfallfreie Technologie) unter tropischen Bedingungen. Kombiniert nach UHLMANN 1981 und FAO 1983

bietet dies einen Anreiz, die Nährstoffverluste im Rahmen des Möglichen weiter zu verringern sowie der vollen Nutzung des Nährstoffpotentials der Stoffwechselendprodukte aus der Großvieh- und Geflügelhaltung eine noch größere Beachtung zu schenken.

Abschließend kann festgestellt werden, daß die anthropogene Eutrophierung kein globales Problem darstellt, wenn man das Weltmeer sowie die fischereiliche Bewirtschaftung von Teichen und tropischen Seen in die Betrachtung einbezieht. Von weltweiter Bedeutung sind hingegen Maßnahmen zur Verringerung der Nährstoffbelastung von Trinkwasserspeichern sowie der Verhinderung unerwünschten Massenwachstums von höheren Wasserpflanzen in Speicherbecken, Be- und Entwässerungsgräben.

Das globale Problem im Zusammenhang mit der anthropogenen Eutrophierung der Gewässer besteht darin, wie ohne einen nicht wieder gutzumachenden Zeitverzug die wissenschaftlich-technischen und politisch-ökonomischen Voraussetzungen dafür zu schaffen sind, daß der lebenswichtige Rohstoff Phosphor im erforderlichen Maße für eine ausreichende Ernährung der Weltbevölkerung eingesetzt werden kann.

LITERATUR

ADLER, A.: Bedingungen für die Bildung biogener Sedimente mit sehr hohem Phosphorgehalt. Diplomarbeit Sektion Wasserwesen, Bereich Hydrobiologie, Techn. Univ. Dresden, 1981

AMBÜHL, H.: Die Krankengeschichte schweizerischer Seen. Neue Zürcher Zeitung, Beilage „Forschung und Technik" **53**, (5. 3. 75), 1975

AMBÜHL, H.: Eutrophication and its Control in Alpine Lakes. Water Quality Bulletin **6**, 113–121, 156, 1981

BARANOV, I. V.: Osnovy bioproduktionnoj gidrochimii. Moskva, Legkaja i piščevaja promyslennost 1982

BARTHELMES, D.: Elemente der Sauerstoffbilanz in Karpfenteichen, ihre Wirkungsweise sowie die Optimierungsmöglichkeiten durch Silberkarpfen (Hypophthalmichthys molitrix). Z. Binnenfischerei DDR **22** (1975), 325–333, 355–363

BELSARE, D. K.: Ecologically designed hydrology programme to protect waterworks in Tropics. J. Sci. Industr. Research **41**, 719–726, 1982

BENNDORF, J. and K. PÜTZ: Processes governing the elimination of nutrients in pre-dams. Study materials, Vol. **6.2**, Int. Postgraduate course in ecological approaches to resources development, land management a. impact assessment in developing countries. Berlin, German Dem. Rep., 17–57, 1983

BERNHARDT, H. (Ed.): Phosphor. Wege und Verbleib in der Bundesrepublik Deutschland. Weinheim, Verlag Chemie, 1978

BERNHARDT, H.: Recent developments in the field of eutrophication prevention. Z. Wasser-, Abwasser-Forsch. **14**, 14–26, 1981

BOSTRÖM, B., M. JANSSON and C. FORSBERG: Phosphorus release from lake sediments. Arch. Hydrobiol. Beih. Ergebn. Limnol. **18**, 5–59, 1982

DUNBAR, W. P.: Leitfaden für die Abwasserreinigungsfrage. München, R. Oldenbourg-Verlag, 1. Aufl. 1907, 3. Aufl. 1954

ELSTER, H. J.: Neuere Untersuchungen über die Eutrophierung und Sanierung des Bodensees. GWF Wasser Abwasser **123**, 277–287, 1982

FAO (Food and Agriculture Organization): Freshwater aquaculture development in China. FAO Fish. Techn. Paper **215**, 124 pp. Rom 1983

FORBES, S. T.: The lake as a microcosm. Bull. Peoria (Illinois) Scientific Association 1887: 77–87. Reprinted in Bull. Ill. Hist. Surv. **15**: 537–550 (1925)

FOREL, F. A.: Handbuch der Seenkunde. Stuttgart (Engelhorn) 1901

GESSNER, F.: Meer und Strand. Berlin, VEB Dtsch. Verlag d. Wissenschaften 1957

GILLBRICHT, M.: Eine „red tide“ in der südlichen Nordsee und ihre Beziehungen zur Umwelt. Helgoländer Meeresuntersuchungen **36**, 393–426, 1983

HOFMANN, H.: Verkrautung des Hochrheins durch „Flutenden Hahnenfuß“. Wasserwirtschaft **74**, 380–382, 1984

HUPFER, P.: Die Ostsee – kleines Meer mit großen Problemen. 2. Aufl. Leipzig, B. G. Teubner Verlagsgesellschaft 1979

JAAG, O.: Die Verunreinigung der Oberflächengewässer und des Grundwassers. Veröff. Schweiz. Verwaltungskurse Handels-Hochschule St. Gallen **17**, 1–28, 1954

KALBE, L.: Restoration of highly eutrophic shallow lakes and possible uses of lake sediments. pp. 59–71 in: EUTROSYM '76. Proceed. Int. Sympos. Eutrophic. a. Rehabilitation of Surface Waters, Vol. 5, Sept. 20–25, 1976, Karl-Marx-Stadt, Berlin 1976

KELLER, R.: Gewässer und Wasserhaushalt des Festlandes. Leipzig, B. G. Teubner 1962

KLAPPER, H.: Wassergütewirtschaft. Lehrbrief für das Fernstudium. Ingenieurschule für Wasserwirtschaft Magdeburg, 1980

KLAPPER, H.: Technologien zur Sanierung von Gewässer-Ökosystemen. Die Technik **33**, 438–440, 1978

KOPLAN-DIKS, I. S.: Evoluzija krugovorota biogennich elementov. pp. 15–17 in: Antropogennoe vozdejstvie na malye ozera. Nauka, Leningrad 1980

MATTHÄUS, W.: Langzeitvariationen von Temperatur, Salzgehalt und Sauerstoffgehalt im Tiefenwasser der zentralen Ostsee. Beitr. Meereskunde **42**, 41–93, 1979

MIKULSKI, S.: Vodnyi balans baltijskogo morja (sotrudničestvo baltijskich stran). Vodnye Resursy 1974, **5**, 3–14

NEHRING, D.: Langzeittrends des Phosphat- und Nitratgehalts in der Ostsee. Beitr. Meereskunde **47**, 61–86, 1982a

NEHRING, D.: Nährstoffbilanzen der Ostsee. Beitr. Meereskunde **47**, 87–83, 1982b

NIPKOW, F.: Vorläufige Mitteilungen über Untersuchungen des Schlammabsatzes im Zürichsee. Schweiz. Z. Hydrol. **1**, 100–122, 1920

OSBORN, D. W. and H. A. NICHOLIS: Optimization of the activated sludge process for biological removal of phosphorus. Progr. Water Technol. **10**. 1/2, 261–277. Pergamon Press, Oxford, 1978

PANTULU, V. R.: Effects of water resource development on wetlands in the Mekong basin. pp. 249–260 in: Proceed. Internat. Sci. Workshop (SCOPE/UNEP) Ecosystem dynamics in wetlands and shallow water bodies, Vol. **1**, Moscow, Centre of International Projects GKNT, 1982

PILCHOWSKI, K., K.-H. BERGK und F. WOLF: Zum Ionenaustausch am Zeolith NaA in Gegenwart von Pentanatriumtriphosphat. Acta hydrochim. et hydrobiol. **12**, 203–210, 1984

PLEISS, H.: Der Kreislauf des Wassers in der Natur. Jena, VEB Fischer Verlag 1977

PROSSER, M. V., R. B. WOOD, a. R. M. BAXTER: The Bishoftu crater lakes: a bathymetric and chemical study. Arch. Hydrobiol. **65**, 309–324, 1968

SAMPL, H.: Reoligotrophication of Lakes. Water Supply **1**, 177–185, 1983

TALLING, J. F. a. I. B. TALLING: The chemical composition of African lake waters. Int. Revue ges. Hydrobiol. **50**, 421–463, 1965

TALLING, J. F. et al.: The upper limit of photosynthetic productivity by phytoplankton: evidence from Ethiopian soda lakes. Freshwater Biol. **3**, 53–76, 1973

THIENEMANN, A.: Der Sauerstoff im eutrophen und oligotrophen See. Ein Beitrag zur Seetypenlehre. Stuttgart 1928

THOMAS, E. A.: Über Maßnahmen gegen die Eutrophierung unserer Seen und zur Förderung der biologischen Produktionskraft. Schweiz. Fischerei-Zeitung **1944**, 718, 1–8, 1944

THOMAS, E. A.: Der Verlauf der Eutrophierung des Zürichsees. Mitt. Österr. Sanitätsverwaltg. **66**, 3–11, 1965

THOMAS, E. A.: Oligotrophierung des Zürichsees. Vierteljahreszeitschrift Naturforsch. Gesellsch. Zürich **116**, 165–179, 1971

UHLMANN, D.: Abstufungen der Bioaktivität in hintereinandergeschalteten Gewässermodellen. Limnologica **8**, 421–452, 1971

UHLMANN, D.: The limnological background of sewage control for relieving water pollution. Verh. Internat. Verein. Limnol. **21**, 71–87, 1981

UHLMANN, D.: Evaluation of strategies for controlling eutrophication of lakes and reservoirs. Int. Revue ges. Hydrobiol. **67**. 821–835, 1982

UHLMANN, D.: Scaling of microcosms and the dimensional analysis of lakes. Int. Revue ges. Hydrobiol. **69**, 47–62, 1984

VOLLENWEIDER, R. A.: Input — models output. With special reference to the phosphorus loading concept in limnology. Schweiz. Z. Hydrol. **37**. 53–84, 1973

VOLLENWEIDER, R. A. et al. (Ed.): OECD Eutrophication Programme. Synthesis Report. OECD Secretariate, Paris. 1981

WINKLER, H.: Welt-Ressourcen. Dramatik in 21 Kapiteln. Leipzig, URANIA-Verlag, 1983

WURZER, E. (Hrsg.): Seenreinhaltung in Österreich. Limnologie — Hygiene — Maßnahmen — Erfolge. Schriftenreihe „Wasserwirtschaft", H. **6**, 1–256. Wien. Bundesministerium f. Land- u. Forstwirtschaft. 1982

Der Verfasser dankt Herrn Prof. Dr.-Ing. habil. Dr.-Ing. E. h. KARL-FRANZ BUSCH und Herrn Dr. sc. nat. L. KALBE für die kritische Durchsicht des Manuskriptes und wertvolle Hinweise sowie Frau Dr. I. RÖSKE für den Entwurf der Abbildung 15a.

Heft 6 Prof. Dr. rer. nat. FRIEDRICH WOLF / Dr. rer. nat. URSULA KOCH, Über den Einfluß der chemischen Struktur von Dispersionsfarbstoffen auf deren Dispersionsstabilität
1979. 18 Seiten — 3 Abbildungen — 10 Tabellen — 8° — M 3,50

Heft 7 Prof. Dr. rer. nat. FRIEDRICH WOLF / Dr. rer. nat. WOLFGANG HEYER, Zur Sorption an Tetracalciumaluminathydroxysalzen 1980. 12 Seiten — 5 Abbildungen — 4 Tabellen — 8° — M 2,—

Band 114

Heft 1 Prof. Dr. HASSO ESSBACH, Morphologisches zur orthologischen und pathologischen Differenzierung und zum Anpassungs- und Abwehrvermögen der menschlichen Placenta
1980. 19 Seiten — 12 Abbildungen — 8° — M 4,—

Heft 2 Prof. Dr. med. WERNER RIES, Risikofaktoren des Alterns aus klinischer Sicht
1980. 19 Seiten — 9 Abbildungen, davon 1 Abbildung auf Tafel — 8° — M 4,—

Heft 3 Prof. Dr. OTT-HEINRICH KELLER, Anschaulichkeit und Eleganz beim Alexanderschen Dualitätssatz
1980. 19 Seiten — 8° — M 4,—

Heft 4 Prof. Dr. rer. nat. BENNO PARTHIER, Die cytologische Symbiose am Beispiel der Biogenese von Zellorganellen 1981. 29 Seiten — 16 Abbildungen — 2 Tabellen — 8° — M 6,—

Heft 5 Prof. Dr. F. WOLF / Dr. S. ECKERT / Dr. M. WEISE / Dr. S. LINDAU, Untersuchungen zur Synthese und Anwendung bipolarer Ionenaustauschharze 1980. 12 Seiten — 6 Tabellen — 8° — M 2,—

Heft 6 Prof. Dr. med. HERBERT JORDAN, Balneobioklimatologie — Eine Zielstellung im Mensch-Umwelt-Konzept 1981. 25 Seiten — 8 Abbildungen — 1 Tabelle — 8° — M 4,—

Band 115

Heft 1 Prof. Dr. rer. nat. HERMANN BERG, Wilhelm Ostwald — Erkenntnisse über die Biosphäre
1981. 36 Seiten — 7 Abbildungen — 3 Tabellen — 8° — M 6,—

Heft 2 Prof. Dr. sc. KLAUS DÖRTER, Aphorismen zur Qualität des Bewässerungswassers
1981. 31 Seiten — 11 Abbildungen — 11 Tabellen — 8° — M 6,—

Heft 3 Prof. Dr. Ing. Dr. h. c. PAUL GÖRLICH, Die geschichtliche Entwicklung des wissenschaftlichen Gerätebaus und seine zukünftige Bedeutung 1981. 36 Seiten — 8° — M 6,—

Heft 4 Prof. Dr. WOLFGANG BUCHHEIM, Albert Einstein als Wegbereiter nachklassischer Physik
1981. 29 Seiten — 8° — M 4,—

Heft 5 Prof. Dr.-Ing. HERBERT KRUG, Die Technologie der Brikettierung von Weichbraunkohle im Lichte der Verfahrenstechnik und der besseren Nutzung dieses Energieträgers
1982. 20 Seiten — 13 Abbildungen — 8° — M 3,—

Heft 6 Prof. Dr. ERNST NEEF, Der Verlust der Anschaulichkeit in der Geographie und das Problem der Kulturlandschaft 1981. 34 Seiten — 8° — M 5,—

Band 116

Heft 1 Prof. Dr. WERNER RIES, Studien zum biologischen Alter
1982. 27 Seiten — 10 Abbildungen — 8° — M 4,—

Heft 2 Prof. Dr. RUDOLF SACHSENWEGER, Augenunabhängige optosensorische Wahrnehmungsformen
1983. 19 Seiten — 8° — M 4,—

Heft 3 Prof. Dr. HANS-GEORG SCHÖPF, Die Griechen und die Natur 1983. 62 Seiten — 8° — M 8,—

Heft 4 Prof. Dr. Ing. JÁN BENETIN, Mathematisches Modell für das Wachstum von landwirtschaftlichen Kulturen und seine Verwertung in der quantitativen Beurteilung des Bewässerungseffektes auf die Steigerung der Ernteerträge 1983. 36 Seiten — 18 Abbildungen — 3 Tabellen — 8° — M 6,—

Heft 5 Prof. Dr. HANS DRISCHEL†, Neues über die Pupille
1983. 30 Seiten — 26 Abbildungen — 8° — M 4,—

Heft 6 Prof. Dr. BENNO PARTHIER, Der Beitrag der Molekularbiologie zur Evolutionserkenntnis
1983. 41 Seiten — 19 Abbildungen — 2 Tabellen — 8° — M 6,—

Heft 7 Prof. Dr. ADOLF WATZNAUER, Die Rolle des Radons (Isotop ^{222}Rn) als Umweltfaktor — eine Übersicht 1983. 34 Seiten — 3 Abbildungen — 4 Tabellen — 8° — M 5,—

AKADEMIE-VERLAG

DDR-1086 Berlin, Leipziger Straße 3–4

FSC
www.fsc.org
MIX
Papier | Fördert gute Waldnutzung
FSC® C083411

Zeitfracht Medien GmbH
Ferdinand-Jühlke-Straße 7
99095 Erfurt, Deutschland
produktsicherheit@kolibri360.de